EDICIÓN FRANCESA

Redacción: **Françoise de Guibert**
Edición: **Brigitte Bouhet**
Dirección editorial: **Françoise Vibert-Guigue**
Dirección artística: **Frédéric Houssin** y **Cédric Ramadier**
Concepto gráfico y realización: **Double, París**
Dirección de la publicación: **Marie-Pierre Levallois**

EQUIPO EDITORIAL LAROUSSE MÉXICO

Responsable del departamento de Edición Infantil: **Amalia Estrada**
Asistente editorial: **Lourdes Corona**
Coordinadora de portadas: **Mónica Godínez**
Asistente administrativa: **Guadalupe Gil**
Traducción: **Amalia Estrada**

Título original: *Mes petites encyclopédies Larousse-Les pirates*
© Larousse, 2005
21, rue de Montparnasse 75006 París
ISBN: 2035531152 (Larousse, Francia)

D. R. © MMV, por E. L., S. A. de C.V.
Londres núm. 247, México 06600, D. F.

ISBN 970-22-1192-1 (E. L., S. A. de C.V.)
ISBN 970-22-1187-5 (Colección completa)

PRIMERA EDICIÓN — 1ª reimpresión — I/06

Impreso en México — Printed in Mexico

Mi Pequeña Enciclopedia

Los piratas

Ilustraciones: Marie Delafon

LAROUSSE

Mallorca 45   **Londres 247**   **21 Rue du Montparnasse**   **Valentín Gómez 3530**
08029 Barcelona   **México 06600, D. F.**   **75298 París Cedex 06**   **1191 Buenos Aires**

¡Sálvese quien pueda!

Los piratas realmente existieron hace mucho tiempo.
Eran **bandidos** que surcaban mares lejanos, donde atacaban a los barcos para robar sus cargamentos.

Apariencia **maligna**

Los piratas llevaban
un **sombrero negro** o una
pañoleta en la cabeza.

Se ponían un **cinturón** grueso
para portar sus **pistolas.**

A veces los piratas perdían una pierna, una mano
o un ojo durante los **combates.**

Con frecuencia les faltaban los dientes;
algunos tenían el **cabello largo** y otros, ¡una larga **barba**!

La bandera

Los barcos pirata se reconocían fácilmente por su **bandera negra.**

Con sus **banderas,** los piratas enviaban **mensajes** a los barcos que querían atacarlos.

A muerte

Los piratas esperaban
que los marinos tuvieran **mucho miedo**
al ver su bandera
y que se rindieran **sin pelear.**

Vuestra muerte
será larga y
cruel

Todos moriréis
sin piedad

Vuestro tiempo
está contado

El terrible **capitán**

El capitán era el **jefe de los piratas** y, por supuesto,
era **el más malo** de todos. Lo escogían los propios marinos.

Toda la tripulación tenía que obedecer las **órdenes** del capitán. Si un pirata desobedecía, era **castigado** o incluso, **lanzado por la borda**.

Algunos capitanes de piratas se hicieron muy **ricos**.

Mientras los piratas dormían en el suelo, el capitán tenía su propio **camarote con una cama**.

El barco

Los barcos pirata
eran **pequeños** y **rápidos**.
Por lo general
eran barcos **robados**.

**Navegaban
a vela** pero,
cuando no había
viento, los piratas
tenían que **remar**.

Un marinero vigilaba
permanentemente el mar con
un **catalejo** y ubicaba desde lejos
a los barcos que querían atacar.

Los piratas se subían
a las velas a través
de **escalas de cuerda.**

Bienvenido a bordo

Los piratas pasaban **mucho tiempo en el mar.** Su vida era muy dura.

Entre dos batallas, los piratas **lavaban** la cubierta...

...reparaban las jarcias y las velas.

Para entretenerse, **jugaban** a las cartas y a los dados...

...**bebían** ron y fumaban pipa.

Durante las tormentas se **empapaban.**

Cuando se enfermaban, **no tenían medicinas** para curarse.

¡A comer!

Como todos los marinos, los piratas llevaban muchas **provisiones** en las bodegas del navío:

Gallinas para obtener huevos, y **carne salada.**
Las **galletas** se endurecían pronto y se infestaban de gusanos.

16

Los piratas **no comían frutas frescas ni verduras** y les faltaban vitaminas. Con frecuencia padecían una enfermedad que hace que los dientes se caigan: **el escorbuto.**

Los piratas pescaban **peces** y **tortugas** marinas.

Tesoros a bordo

En la época de los piratas, muchas **mercancías valiosas**
se transportaban en barco.

Especias

Joyas

Oro: en
lingotes,
en monedas.

Telas valiosas

Canela

Cacao

Ron

19

Tipos de barcos pirata

Según las regiones, los piratas utilizaban barcos diferentes. Todos eran **rápidos veleros**, fáciles de **maniobrar**.

El **bergantín** era un velero de dos mástiles con velas cuadradas.

La **galera** era un gran barco de guerra equipado con velas y remos que navegaba en el Mediterráneo.

La **balandra** era un pequeño navío muy rápido. Sólo tenía un mástil.

El **junco** navegaba en los mares de Oriente. Era el barco de los piratas chinos.

¡Al abordaje!

Cuando un barco
no quería
rendirse,
los piratas pasaban
al ataque.

Los **cañones** de los piratas
lanzaban **balas** que
perforaban los cascos y
despedazaban los mástiles.

Con el **puñal** entre los dientes y el **sable**
de abordaje en mano, los piratas
saltaban juntos al navío
dando unos gritos **tremendos**.

¡Era un **combate sin piedad**!

¡Por la **fortuna** y por el **rey!**

Los corsarios no eran piratas. Estaban **al servicio de su rey.** Atacaban navíos de países enemigos, y compartían el botín con el rey.

En Francia, en Saint-Malo, se encontraba la **ciudad corsario,** de donde zarpaban los corsarios, quienes atacaban principalmente a los **navíos ingleses.**

El tesoro

Todos los piratas soñaban con **tesoros** fabulosos: **joyas, oro y plata.**

Pero en realidad, los piratas solían ser **muy pobres.**

Durante los pillajes, los piratas tomaban todo lo que podía servirles: **armas, herramientas, medicinas, cuerdas** y **comida.**

También se apoderaban de los cargamentos de azúcar, tabaco o especias para **revenderlos.**

¡Tierra, tierra!

Los piratas hacían escalas regulares en tierra firme, en **playas desiertas. Escondían sus barcos** en lugares aislados para reparar y limpiar el casco.

En los puertos, recogían **provisiones** de comida y de agua potable.

Los piratas no conservaban sus tesoros por mucho tiempo. Preferían **gastar su dinero** en las tabernas.

El **honor** del pirata

¡Ay del capitán que intentara
huir con el tesoro!

Los piratas tenían **reglas de conducta** muy severas.
Ellos mismos hacían su código de honor.
El **botín se repartía** equitativamente entre todos ellos.

Si un pirata resultaba **herido**
en combate, recibía
monedas de plata.

Los piratas eran **crueles**
con sus prisioneros
y rara vez los dejaban con vida.

Un mundo sin piedad

Cuando un pirata **desobedecía**,
era severamente **castigado**.

Atado al mástil, el culpable era **azotado**
con un **látigo de nueve colas**.

A veces el pirata culpable
era **abandonado en una isla**
desierta con un poco de agua
y algunos víveres.

El pirata
condenado
caminaba
con los ojos
vendados
sobre una **plancha.**
Al llegar al borde,
caía al agua y
se ahogaba.

Piratas célebres

Estos célebres piratas en realidad existieron

 **Barba Negra**

 **Black Bart**

El terrible **Barba Negra** se hacía trenzas en la barba y el cabello. Para asustar a sus enemigos, quemaba mechas bajo su sombrero para que saliera humo.

Black Bart era un pirata muy *chic* que capturó 400 navíos en cuatro años.

Mary Read y Anne Bonny

Mary Read y **Anne Bonny** eran unas mujeres piratas muy temidas. Aunque las capturaron, no fueron ahorcadas porque estaban encintas.

Algunos otros nunca existieron: son piratas de leyenda.

Long John Silver

Long John Silver es el capitán del libro *La isla del tesoro*.

Capitán **Garfio**

El **capitán Garfio** es el terrible enemigo de Peter Pan.

Esta obra se terminó de Imprimir y encuadernar
en Marzo del 2006 en Gráficas Monte Albán,
S.A. de C.V. Fraccionamiento Agroindustrial
La Cruz, 76240. Querétaro, Qro.